お米のこれからを考える 3

農家の1年の米づくり

安心なお米ってなに？

このシリーズは、お米の「今」をよく知って、これからの米づくりや日々の食事（しょくじ）がどう変（か）わっていくのかを考えるための本です。毎日食べているごはんがどんな食べものなのか、この本で調（しら）べてみましょう。

もくじ

米づくりの基礎知識

農家の1年の米づくり

～アイガモ農法の1年間～

お米の安全を考える

米づくりの基礎知識

わたしたちのくらしに深く結びついたお米は、どのように作られているのでしょうか。ここでは、稲が育つしくみや米づくりの苦労など、お米を理解するうえでかかせない知識を紹介します。

米づくりの基礎知識①

お米ができるまで

暖かくなると田んぼに水が入り、田植えが始まります。

稲がぐんぐんのび、田んぼは一面あざやかな緑色に。

お米ができるまで

春になると稲の種をまき、あるていどの大きさの苗になるまで育てます。そして、かわいた田んぼを耕して土をととのえ、水路から水を引いて田んぼを水でみたします。そこに苗を植えることを「田植え」といい、多くは5月ごろに行われます。その後、稲は生長して茎の数がふえ（分げつという）、葉がのびます。夏のさかりに花が咲き、やがて稲穂に米がみのります。秋に田んぼ全体が黄金色に変わるころ稲刈りをします。とれたお米は出荷されて、わたしたちの食卓にのぼります。

1年の栽培ごよみ（一般的な流れ）

	1月	2月	3月	4月
農作業の流れ			種まき・育苗	
稲の生長			発芽・稲の生長	

種まき・育苗（3月〜4月）

田んぼには直に種をまかず、育てた苗を植えるので、まずは箱に種をまきハウスなどで育苗します。

発芽・稲の生長

休眠していた種は、発芽すると胚から根や葉をのばして育ちます。

お米が育つ田んぼは、季節によってちがった景色になります。農作業の流れや稲の生長との関係を見てみましょう。

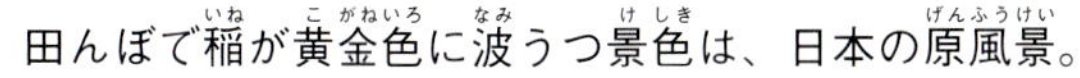
田んぼで稲が黄金色に波うつ景色は、日本の原風景。

稲をすっかり刈り取った後の、広々とした田んぼ。

5月	6月	7月	8月	9月	10月	11月	12月

田起こしと田植え

田起こしで耕した後に水を入れ、土を混ぜてなめらかな泥にする代かきをし、田植えにそなえます。

稲が育つ

稲は夏の間にどんどん生長します。穂が出て花が咲くと受粉します。受粉から約40日でお米に！

収穫(稲刈り)

お米ができてくると上を向いていた稲穂が重みで下がります。田んぼが黄金色になると稲刈りです。

活着・分げつ

稲が田んぼに活着する（根付く）と、その後、分げつして大きくなります。

→

出穂・開花

夏のさかりに穂が出て（出穂）、花が咲きます。それがお米になります。

種まきや田植え、収穫などの時期は地域によってことなります。また、稲の種類（早生・中生・晩生）によってもちがう(P21)のでこの表は目安です。

米づくりの基礎知識②

稲の生長とお米がみのるしくみ

発芽

種もみを水につけると、胚から出た芽が、もみがらをつきやぶり、外に顔を出します。この状態の種を苗床にまきます。

苗の生長

土にまかれた種もみは、数日で地上に芽を出します。3～4週間ぐらいで苗の背たけが10cm前後までのびます。

田植え後

稲が田んぼで根付いた後、根もとにある節の近くから新しい根や葉、茎がどんどん出て大きくなっていきます。

穂ができる

葉が出た後、穂ができます。葉鞘につつまれていた穂は、だんだん育ってふくらみ、やがて出穂をむかえます。

開花

稲は花びらがなく、緑色の2枚のエイ(もみがらになる部分)の中に、おしべとめしべがあります。エイが開くと開花です。

米がみのる

受粉が終わるとエイが閉じ、中で胚と胚乳がだんだん大きく育って米つぶが作られます。開花から約40日で収穫です。

葉ができて花が咲き花のあとに実ができる

稲は田植えが終わると田んぼの中で少しずつ根や葉をのばして生長していき、やがて最後に出る葉(止め葉)の葉鞘（さやのようになった部分）の中で穂が少しずつ育ちます。出穂するとまもなく開花をむかえ、穂についた70～100個ほどの花がそれぞれ順に開いていきます。稲の花は夏の天気のいい日の午前中、たった1～2時間しか開きませんが、その間に受粉が行われます。受粉がうまくいくと、エイの中でお米ができ始めます。

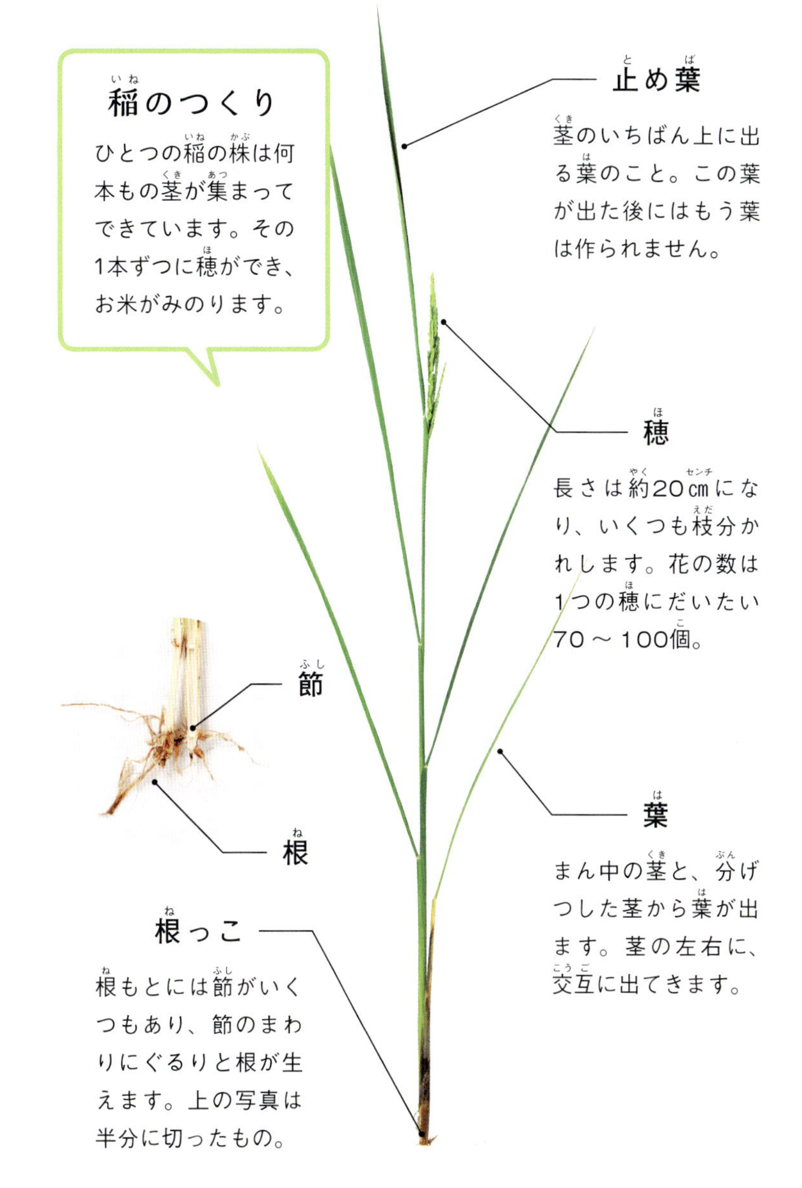

稲のつくり

ひとつの稲の株は何本もの茎が集まってできています。その1本ずつに穂ができ、お米がみのります。

止め葉
茎のいちばん上に出る葉のこと。この葉が出た後にはもう葉は作られません。

穂
長さは約20㎝になり、いくつも枝分かれします。花の数は1つの穂にだいたい70～100個。

葉
まん中の茎と、分げつした茎から葉が出ます。茎の左右に、交互に出てきます。

根っこ
根もとには節がいくつもあり、節のまわりにぐるりと根が生えます。上の写真は半分に切ったもの。

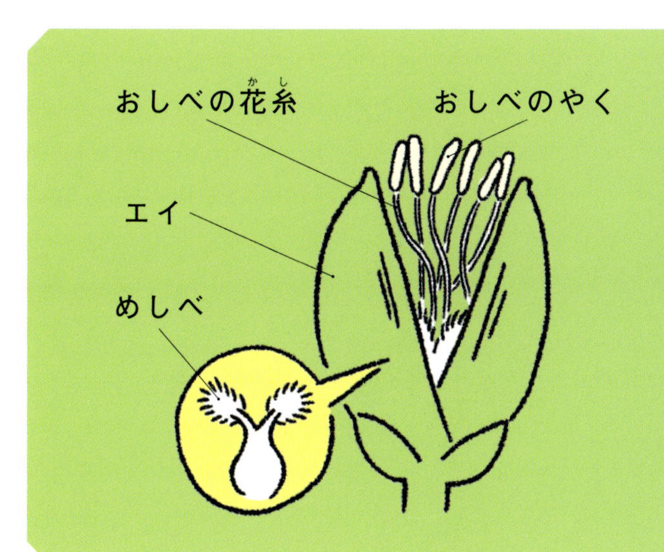

稲の花のしくみと受粉

開花のとき、おしべの花糸はぐんとのびていきます。花糸の先の「やく」には花粉が入っていて、のびていくときにめしべの先のこまかな毛のようなものにくっつき受粉します。その後おしべがエイの外に出るので、開花する直前にすでに受粉が終わっていることになります。稲は自分のおしべとめしべで受粉するので虫や風に花粉をはこんでもらう必要がなく、開花は1～2時間で終わります。

米づくりの基礎知識③

田んぼのトラブル

虫や雑草、病気などさまざまな問題がある

稲がきちんと育つように農家はさまざまな手助けをしなければなりません。自然の中で行われる米づくりは、気候や環境の影響をうけやすいからです。雑草がしげると稲の生長はさまたげられ、病気が広がると稲がいっせいにかれることも。さまざまな問題について見てみましょう。

雑草対策

稲の生長をさまたげる雑草はさまざまな方法で取りのぞく

イヌビエやカヤツリグサなどの草は稲より早いスピードで生長して稲のための養分をうばい、生いしげって光をさえぎり田んぼの風通しをわるくするので、取りのぞかねばなりません。

※穂が出るまで見わけにくいイヌビエを取るのはとくに大変です。

気温と稲の病気

高温も低温も稲には大敵！冷害だと「いもち病」が多くなる

低温や猛暑が続くと、稲の生長や収穫に大きく影響します。冷害の年は「いもち病」という病気も発生しやすくなります。ほかに「白葉枯病」「紋枯病」などの病気にも注意が必要です。

稲を食べてしまう虫は農家のなやみ！

害虫はさまざまな種類がいます。茎に入って穂をからしたり、汁をすって弱らせたり、ウイルスをはこんで稲に病気をうつす虫もいます。ほかにも葉を食いあらしてしまう害虫もたくさんいます。

写真の害虫はイネミズゾウムシです。幼虫に根を食べられると稲はじゅうぶんに生長できません。成虫は葉を食べてしまうので、食べられた葉は右の写真のように白っぽくすじが入って弱っていきます。

害虫対策

農薬を使うだけでなく さまざまな方法がある

ニカメイチュウというガの幼虫、ウンカ、ヨコバイ、イネドロオイムシ、カメムシなど、稲に害をおよぼす虫が田んぼにはやってきます。農薬だけでなく、さまざまな対策が行われています。

田をあらすけものたち

イノシシやシカ、ネズミなど 野生の生きものが田んぼをあらす

イノシシやシカなど野生動物が入りこみ田んぼをふみあらし、稲をだめにしてしまったり、ネズミなどが田んぼのあぜに穴を開けてしまうことも。フェンスやネットなどを使って被害をふせぎます。

※イノシシは田んぼでころがり、稲をたおしてしまいます。

米づくりの基礎知識④

田んぼと環境

水田にはさまざまな役割がある

田んぼは、たんにお米を作るだけの場所ではありません。まわりの自然とつながった環境の一部でもあります。たくさん雨がふったとき、水田があればそこに一時的に雨水をため、時間をかけて下流に流すことができます。水田のダム機能は土砂災害をおさえるはたらきがあり、くらしを守ることにも役立っているのです。また、水田はたくさんの生きものがくらす大切な場所でもあります。農林水産省の調査（2009年）によると、魚は87種、カエル15種、水生昆虫20種が田んぼに生息していることが確認されています。生きものが多ければクモやカエルなど害虫を食べる天敵もふえるため、そうした命のつながりをうまく利用して農薬などを使わずに害虫管理をする方法も注目されています。

写真は稲刈りがすんだ秋の終わりごろ、会津盆地に飛来したハクチョウのむれ。マガンやハクチョウなどのわたり鳥も田んぼをエサ場などに利用しています。田んぼや水路で見られる生きものは、昆虫のほか鳥類、は虫類、両生類、魚類などさまざまです。

農家の1年の米づくり

～アイガモ農法の1年間～

お米を育てる方法はさまざまです。この本では、会津若松市の農家さんをたずねて「アイガモ農法」の1年間の米づくりを取材しました。春から冬までの農家の仕事を紹介します。

安心できるお米を育てるため
さまざまな工夫をしている
福島県・会津若松市
「すとう農産」をたずねました！

農家の1年の米づくり①

種をまく

発芽させるための種もみの準備

いい苗を作るために、まず質のいい種を選びます。そして、種には消毒したものと未消毒のものがあるので、未消毒の種もみは、病気のもととなる菌やカビをお湯で殺す「温湯消毒」をします。その後、水にひたして水分を吸わせ、発芽するための準備をととのえます。

温湯消毒のやりかた

種もみを手に入れる → 60～70℃のお湯で殺菌 → 水につける

消毒した種を水につけ発芽の準備

米づくりは種もみの消毒から始まります。種には、病気のもととなる菌などがついているからです。すとう農産では、種もみを温湯消毒という方法で殺菌します。その後、数日間水につけて、たっぷり水を吸わせます。水分が100%になり、じゅうぶんな気温などの条件がそろうと、冬の間休眠していた種が目ざめます。少し芽が出た状態の種もみを土にまき、苗を育てます。

消毒後、最低2週間ほど10℃以下の水にひたします。気候に合わせ、こまかく温度を管理します。

苗ばこに土を入れ
その上に
発芽した種をまくよ！

種もみは直接田んぼにまかず、土の入った苗ばこにまきます。田植えまでビニールハウスで育てます。

機械で種まき

種まきをする機械に苗ばこをのせると、はこの底に土がしかれます。土の上に水をまいて、しめらせます。

土に種をまき、その上からさらに土をかけます。もういちど水がまかれると、苗ばこが機械から出てきます。

種まきのようす

種と土が入った苗ばこをビニールハウスへ移動！

種まきが終わった苗ばこをトラックの荷台につみ、苗を育てるためのビニールハウスへとはこびます。

種まきをしてから、2～3日で芽がのびます。昼の高温や夜の低温に気をつけ、苗を育てます。

みんなで協力！

種まきや田植えは人手のいる仕事

種まきや田植えは時間と手間のかかるたいへんな作業。今は農業につく人が減り人手不足が大きな問題です。こちらでは、ほかの農家さんと協力して種まきや田植えを行っています。みんなで機械を借りれば1軒あたりの費用負担が減るのも、お米の消費が減ってこまっている米農家にとって大きな利点です。

農家の1年の米づくり②

肥料を作る

豊かな土の田んぼには元気な稲が育つ！

田植え前などに田んぼに肥料を入れ、まず土の状態をよくします。じゅうぶんに栄養を吸収して育つと、病気に強いじょうぶな稲ができます。しかし、ただ肥料を増やせばいいわけではなく、多すぎると育ちすぎてたおれたり、病気にかかる場合も。気候や土壌、稲の状態など、全体のバランスを見ながらどうすればいいか考えるのが、米づくりにとっては大切なこと。肥料も、質や効きかたを考え、なにをどうあたえるかが重要です。

肥料ってなに？

稲が育つための栄養

わたしたちがごはんを食べて体をつくるように、植物が育つためにはチッ素・リン酸・カリウムなどが必要です。稲は土から栄養を吸い上げて根や葉をのばし、実を作ります。どんどん土の中の栄養は使われて減っていくので、同じ田んぼで稲を作り続けるためには、肥料をあたえて、栄養をおぎなう必要があります。

化学肥料って？

化学的に作った肥料のこと。水にとけやすくて即効性があり、生産が安定しますが、環境への負荷が心配との声も。

有機肥料って？

稲わらや動物のフンを発酵させて作る、たい肥などのこと。微生物に分解されて栄養になるので、効き目はゆっくり。

すとう農産の

肥料作りを見てみよう！

売っている肥料ではなく、自家製の有機肥料で稲を育てる農家も。
作りかたを見てみましょう。

かつては稲わらが原料でしたが今は米ぬかを利用しています。どちらも稲からの廃物利用。写真は、発酵ぐあいを確かめながら、かたまりをほぐして、スコップで混ぜ返しているところ。

ボカシ肥を作る

こちらではボカシという肥料を田植え前に田んぼにまきます。精米でけずり取った米ぬかを利用し、そこに玄米酵素をまぜ、低温で発酵させます。酵素がたっぷりのボカシ肥が入ると、微生物が増えて土が元気になるそうです。

香ばしいにおいがしてきたら、きりかえし（混ぜ返して空気をふくませること）の作業へ。空気を入れ、温度を均一にすると、菌が活発になって発酵が進み、たい肥が完成。重機も使ってたくさん作ります。

もみがらのたい肥を作る

稲刈り後に田んぼに入れるための、たい肥も作ります。米ぬかともみがら、ボカシ肥、水が原料です。もみがらのケイ酸質は分解されにくいため、たい肥は土の中でゆっくり時間をかけて分解され、効果が長くつづきます。

元気な土で育てると稲がじょうぶに！

すとう農産では、強い稲にするために試行錯誤をくり返してきました。「化学肥料は使いすぎるとかえって病気になることがあるが、たい肥だとどうなるだろう？」と、たい肥を増やして3年目のある日、稲の葉のふちが、手が切れるほどするどくなっていることに気づきました。その稲は、虫の害をあまりうけない稲だったということです。

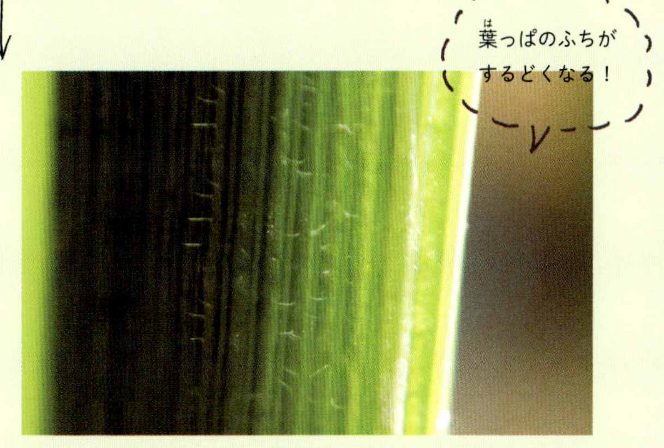

健康な土で育った稲は病気にも虫にも強くなります。

農家の1年の米づくり③

田植えの準備

田んぼを耕し かたくなった土をほぐす

種まきをして苗を育てている間に、田んぼでは田植えにそなえて準備を始めます。まずは土をたがやす「田起こし」。今はトラクターで行うのが主流です。土がかわいているほうがよく耕せるので、晴れた日に行います。田起こしは、かたくなった土をほぐし、肥料を土の中へよく混ぜこんだり、雑草を生えにくくしたりする目的で行います。この作業をしっかり行い、田んぼの表面を平らにしておくと、次の「代かき」の作業がスムーズになります。田起こしも代かきも、田植え前にかかせない大切な準備です。

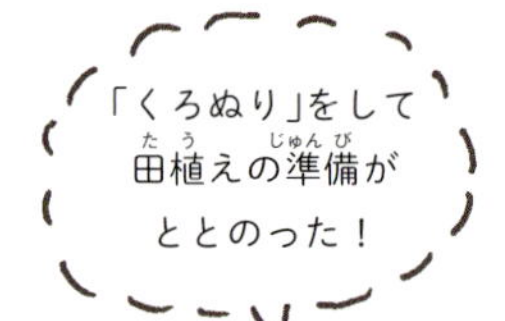

春になると農家は田んぼのへり（くろ）をしっかりぬり直し、形をととのえます。この作業を「くろぬり」といいます。会津は雪が多く3月ごろまで土がしめっているので、こちらでは4月下旬に行うそうです。

どうして水田にするのかな？

日本の多くの稲は水稲という、水を好む植物です。川の水を田んぼに入れるとミネラルなどの栄養分も得られます。

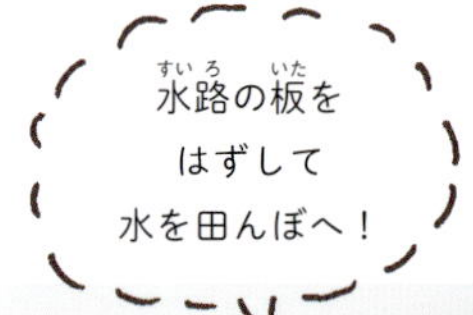

代かき作業の前に、取水口の板をはずして水路から田んぼへ水を引きます。水の質は、お米の味をきめる要素のひとつです。おいしいお米がとれると評判の地域の多くは、ミネラルをたっぷりふくむ水のあるところで、会津盆地もそのひとつです。

田んぼに水を入れて土をまぜると、地表にケラやモグラがあわてたようすで出てきます。それを目当てにムクドリやセキレイ、ツバメなど春の鳥が集まって来ます。

数日前に代かきをして田植えにそなえる

代かきは、耕した田んぼに水を入れてトラクターなどで水と土をよく混ぜ、なめらかな泥にする作業です。こうすることで土と土とのすき間がなくなり、田んぼにしっかり水をためられるようになります。代かきをしないと田んぼから水がもれてしまうので、とても大切な作業です。トラクターで田んぼの中をなんども往復し、土と水をドロドロになるまで混ぜ、田植えにちょうどいいかたさにし、さいごに表面を平らにならします。

むかしは馬を使って代かきをしていた

農作業が機械化される前まで、代かきは牛や馬を使って行うのがふつうでした。「当時は代かきに人手が必要で、こどもも手伝うのが当たり前。学校を休んでも欠席あつかいにならなかった」とすとう農産の須藤さんは言います。一週間ほど手伝うと、げっそり頬がこけるほどの重労働だったそうです。

農家の1年の米づくり④

田植え

苗を田んぼにはこび、家族総出で田植え

ビニールハウスなどで管理しながら育てた苗を田んぼに植えます。田んぼに直接種をまかないのは、ある程度の大きさに育ててから田んぼに植えることで「水温の冷たさにたえられる」「雑草との競争に負けない」などの利点があるからです。現在の田植えでは苗を機械で植えることが多く、30アールの田んぼを約1時間で植えることができるそうです。植えかたをよく観察してみると、農家によって差があることがわかります。10アールの田んぼに苗ばこ何枚分の苗を植えるか。ひと株に何本の苗を植えるか。どんなお米を、どのくらいの量作ろうとしているかで、田植えのしかたにもちがいが出てきます。

稲の苗が育った！

写真は田植え機で植える苗です。手植え用にする苗はもう少し育ててから植えるのがふつうです。

育った苗をハウスから田んぼへ

種まきをしてからビニールハウスで管理されていた苗。植える田んぼにちょうどいい大きさ（田植え機の場合、一般的には稚苗・中苗とよばれる大きさ）まで育ったら、いよいよ田植えです。トラックにつんで田んぼへとはこび、田植え機にセット。機械でいっきに作業を進めます。

田植え

田植えに使うのはどんな機械？

田植え機に、マット状になった苗をセットし、植えつけていきます。まっすぐ走るための目印（マーカー）もついています。

むかしながらの手植えも

植えのこしがある部分などは手植えで作業。むかしはすべて手植えだったので、数人で一列にならびいっせいに田植えしたそう。

手植えだったころは田植えに人手が必要だったため、家族だけでは足りず「結」（農作業をするための助け合いの組織）の人たちを集めて人数を確保していたそうです。今では機械化が進み、むかしよりも人手も時間も少なくてすむようになりました。

農家の1年の米づくり⑤

田んぼの管理

田植えして約1週間後の稲。新しい根が出て、しっかりと根付くころ。

稲が田んぼに根付き、育つ

田植えした稲は、新しい根と葉を出しながら大きくなります。同時に、根もとにある節から枝分かれして、新しい茎ができます。これを分げつとよびます。その先に穂がつくので、分げつはお米がとれる量にかかわる大事なポイントです。田んぼに稲を植える間隔などによって、どのくらい分げつするかは変わってきます。しかし、分げつした茎すべてに穂がつくわけではないので、茎が目標の本数になるよう、水の深さなどでコントロールしていきます。

田植え後すぐは、稲が水をしっかり吸うように水を深めにし、しっかり根付いたら、分げつが進むよう浅めにするのが一般的な水の管理です。栽培方法や目的により、やりかたは変わります。

田んぼのちがいを見てみよう！

同じ地域の田んぼでも、となりあった田んぼを見てみると、ようすがちがう場合があります。田植えの間隔がせまくて稲が密集した田んぼがあったり、水の深さや、稲の長さ、収穫時期がちがっていたり。なぜなのか、考えてみましょう。

水の深さがちがうのはなぜ？

生長や分げつに合わせて深さを変えるから

P20で説明したように、稲の生長や、分げつの計画に合わせて、農家の人たちは水田の水の深さを変えています。田植え後すぐや穂が出るころは稲に水分が必要なので、深くすることが多いようです。

育ちかたがちがうのはなぜ？

みのるまでの期間や、肥料にちがいがある

稲は早く刈り取れる「早生」、実ができるまでに時間がかかる「晩生」、その中間の「中生」があります※。品種による育ちかたのちがい以外に、どんな肥料をどうあたえたかによっても、稲のようすはちがってきます。

稲のみつどがちがうのはなぜ？

どんなお米を作ろうとしているのかで変わる

田植えのときにどのくらいの間隔で植えるか、1か所に何本の苗を植えるか、稲の分げつをどのくらいにするかで、田んぼの稲のみつどに差が出ます。農家ごとに、目的に合わせた植えかたをしているのです。

すとう農産では、ゆったり稲を植えます。そうすると田んぼの風通しがよくなり、太陽の光と土の中の栄養が稲によくとどきます。のびのび育つと、元気でしっかりした稲になるそうです。

こちらの田んぼは、ひと株に稲の苗を2～3本！

※稲の実ができるには温度が必要です。毎日の平均気温を足した合計を積算温度といい、早生はその合計が少なくてすみ晩生だとたくさん必要になります。

農家の1年の米づくり⑥

害虫・雑草対策

アイガモのはたらきが稲を守る

稲に害をおよぼす虫や雑草。対策にはいろんな方法がありますが、すとう農産では田んぼにアイガモという鳥をはなして害虫を食べさせる「アイガモ農法」を行っています。水田でくらすアイガモたちは稲の葉を食べてしまうゾウムシなど小さな虫が大好物！ せっせと虫を食べ、稲の健康を守ってくれます。さらにアイガモが田んぼを泳ぎ回ることで稲が刺激され、じょうぶに。いっしょうけんめい足をバタバタ動かして泳ぐため、水や泥がかき回されて雑草も生えにくくなります。アイガモのお世話やそれにかかる費用など大変な面も多いため、多くの農家が採用しているやりかたではありませんが、農薬を使わずに害虫・雑草対策ができるというよさがあります。

アイガモってこんな鳥！

アヒルと野生のマガモをかけあわせた鳥がアイガモです。羽が小さくて飛べないため、田んぼから飛び立つことはありません。いくつかの品種があります。

アイガモが田んぼで大活やく！

害虫を食べてくれる！

稲が若いと葉などがやわらかく、とくに虫がつきやすいため、虫を食べてくれるアイガモはありがたい存在！

雑草をおさえてくれる！

小さな草の芽を食べるほか、アイガモが動くと水がにごり、光がさえぎられて草の芽が出にくくなります。

稲がじょうぶに育つ

土がかき回されて酸素がまわるので、稲の根に酸素がとどき、根がしっかりと張って、じょうぶに育ちます。

アイガモ農法をはじめたきっかけを教えて！

須藤さんに聞きました！

40年以上前、農薬散布をしていた家族がはき気と頭痛でたおれてから、須藤さんはずっと無農薬・有機栽培の米づくりを研究しています。「農家は雑草とのたたかいと言われます。田植え後すぐの草取りはとても大変ですが、その時期、アイガモは田んぼで活やくしてくれます。稲についた虫も食べてくれます。おいしくて安全なお米をめざし、アイガモ農法にたどりつきました」

アイガモ農法の1年のながれ

田植えのころ
ヒナを
仕入れる

田植えが終わった直後に
ヒナを仕入れる

田植えから数日後、ヒナを仕入れます。とどいたヒナはビニールハウスの中で育て、成長に合わせて青菜や小米※を食べさせます。生まれてすぐは寒さで弱りやすいので注意が必要です。ハウスの中には温室をもうけています。

※小米はわれるなどして選別ではじかれたお米。

この年は2種類のアイガモ、計400羽を仕入れました。写真は生後2～3日のヒナ。

田んぼに
育ったヒナを
はなす

稲がしっかり根付き
ヒナが育ったら、田んぼへ

ヒナから2週間ほど育てると約3倍の大きさに。少しずつ外の気温にならし、水田に移します。このころには稲も20cm程度にのび、アイガモにふまれて弱ることもありません。田んぼに入ると、すぐにはたらき始めます。

田んぼに入って数日のアイガモ。田のへりの草むらの中で寒さをしのいでいます。

アイガモの
お世話を
する

毎日のエサやりも
かかさない

アイガモは田んぼに入ると、稲の根もとをつついて、かくれている虫を探します。そうして、虫や、小さな草の芽などを見つけて食べます。それだけではエサが足りないので、すとう農産では朝・晩に小米をあたえています。

食事の合図の声をかけると、エサを食べにアイガモが集まってきます。

害獣への
対策をする

キツネやカラスが入らないよう田んぼに柵をする

アイガモのヒナは野生のキツネやハクビシン、そしてカラスやのら猫などに襲われやすいので、田んぼに柵をはりめぐらせます。害獣からアイガモの命を守るのもアイガモ農法の大切な仕事です。毎日の見回りがかかせません。

ヒナを田んぼに放す前に柵を設置して、動物が中に入って来られないようにします。

ひと月ほどで
田んぼから
あげる

アイガモがはたらくのは稲の穂が出る前まで

アイガモが田んぼにいるのは、じつは1か月と少し。穂が出るとそれをアイガモに食べられてしまうので、出穂の前には田んぼから出します。短い期間ですが、この時期に雑草や虫を食べてくれることに大きな意味があります。

稲の生長にとって大事な時期にだけ、アイガモが田んぼではたらいて、稲を守ります。

冬まで育て
アイガモを
出荷する

田んぼから出したアイガモを冬まで育てて出荷する

役目を終えたアイガモは、冬までの約半年間、別の場所に移され、そこで育てられます。太って脂がのってくると出荷され、食肉として売られます。肉質をよくするため、健康的なエサをあたえるなど飼育にも気を配っています。

冬にはこんなに
大きくなるよ！

アイガモ農法には利点がたくさんありますが、手間と費用がかかる栽培方法です。

農家の1年の米づくり⑦

夏の稲と、稲の花

稲の葉の色で生長を見きわめる

7月ごろになると稲の生長スピードが速くなり、ぐんぐんのびていきます。太陽の光を浴び、葉の色もしだいにこくなります。緑色がこい稲は、栄養がじゅうぶんなことをしめしています。竹色の、うすい緑の葉だと、少し栄養が足りない可能性も。葉の色味で稲の状態をチェックし、肥料を追加する場合もあるそうです。栄養不足だと穂につくお米が少なくなるので、この時期の見きわめが大切です。暑さがさかりをむかえるころになると、穂が出て、出穂から約1週間のあいだに花が咲きます。このころ稲の体はもうできあがっているので、生長の時期からお米が作られる時期へとうつっていきます。

会津にあるすとう農産では、ひとめぼれは8月上旬、コシヒカリは8月中旬ごろ開花します。写真は開花をむかえた8月のコシヒカリの田んぼ。稲には花びらがなく、遠くからだと咲いていることに気づかないかもしれません。じっくり観察してみて。

稲の開花

エイ
おしべ

開花してすぐ。エイが開いて左右にわれ、おしべが外に飛び出ています。

稲が開花している時間は短く、1～2時間ですぐにエイは閉じてしまいます。

ひとつ咲き終わり、別のエイが開き出しました。こうして順に咲きます。

よく晴れた暑い日の朝約1時間だけ花が開く

稲の花は、よく晴れた暑い日の朝に開きます。天気がよくないと時間がずれたり咲かなかったりすることも。穂についているつぶ（2枚のエイがある）が順に咲き、受粉が終わるとめしべの根もとにある子房とよばれる部分がだんだん大きくなって、それがお米に育ちます。

穂にびっしりついた花は、ひとつずつ順に開きます。開花が終わったところは、「やく」が飛び出しています。

気候の変化と花のさきかた

取材させてもらった2017年は、8月に入り低温・日照不足が続いた年でした。「田んぼの稲がいっせいに開花せず、ぽつりぽつり開く」「穂の中で開花する順番がばらばら」など、例年と咲きかたがことなりました。近年の気候の変化は、稲の育ちかたなどに、さまざまな影響をおよぼしているようです。

田んぼとそのまわりには生きものがいっぱい！

田んぼには、生きものがたくさんくらしています。小さな虫をクモなどが食べ、それを小鳥が食べ、それをさらに大きな鳥やけものが食べます。生きものの死がいやフンは分解されて土になり、ゆたかな土が稲を育てます。田んぼは、命がめぐる場所なのです。

春の生きもの

田起こしのころ生きものも活発に。カエルやタニシ、ヤゴのほか、わたり鳥も多くなります。あぜ道でカルガモの卵を見つけることも。

田んぼの生きものってどのくらいいるの？

小魚や水生昆虫、カエルやイナゴ、野鳥などの動物だけではなく、タンポポやアブラナ、ハコベ、セリなどさまざまな植物も見ることができます。NPOなどの調査では、動植物を合わせ、全国で3000種類以上の生きものを観察できたという報告もあります。

夏の生きもの

夏には羽化した昆虫が増え、チョウやトンボが田んぼを飛びまわります。カエルやザリガニを食べに来るサギ類もよく見られます。

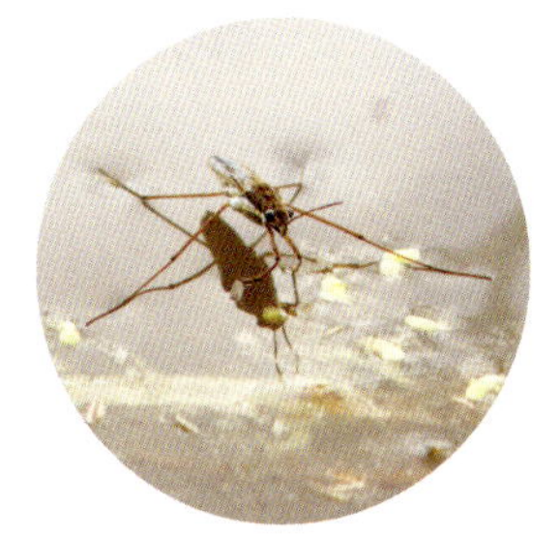

じぃっ…

秋の生きもの

秋になると田んぼにアキアカネ（赤トンボ）やイナゴの姿がふえ、コオロギの声も聞こえます。だんだん冬の野鳥が飛来し始めます。

コロコロコロ…

むかしの田んぼと今のたんぼ

遠いむかし、田んぼにはたくさんの生きものがいました。農薬をたくさん使っていた時代に生きものの数も種類もへってしまいましたが、最近では食べものの安全と生物多様性を守ろうと、無農薬・減農薬で栽培する田んぼも増えてきています。

農家の1年の米づくり⑧

秋のみのりと稲刈り

稲穂はたくさん枝分かれし、それぞれの先にびっしりともみ（お米）がみのります。ひとつの稲穂からは約70～100つぶのお米ができます。写真は稲刈りの日の朝、撮影したもの。よくみのったお米の重みで稲穂がたれ下がっているようすがわかります。

穂がふくらみ黄金色に

花が咲いてしばらくすると穂についたもみの中でお米が少しずつ実っていきます。つぶが張って重くなってくると、上を向いていた穂がだんだん下にたれさがってきます。その年の気温によりますが、出穂から収穫まではだいたい40～45日ぐらいかかります。田んぼが黄金色に波打ち、稲穂の先が少し枯れてきたころが、稲刈りにちょうどいいタイミングです。収穫が早すぎると青いお米が多くなったり、おそすぎるとつぶがわれたりして品質が落ちてしまうことがあるので、ほどよい時期に刈り取ることが大切です。

機械で
稲刈り

コンバインを使って広い田んぼを刈り取る

今の稲刈りは、コンバインという機械を使って行われることがほとんどです。コンバインは、手で刈り取る場合とくらべ、短い時間で作業することができます。収穫から脱穀まで、いっぺんに行える点も便利です。収穫が終わったら、乾燥機に入れて、もみの水分が15％になるまでかわかします。お米は長い日数保存しておいてから食べることが多いので、カビが生えていたむのをふせぐため、乾燥させることが必要なのです。

コンバインをゆっくり走らせ、数列分の稲をいっきに刈り取っていきます。機械の中で、稲わらと、もみとに分けられます。

コンバインなら稲刈りから脱穀までいっきに！

脱穀とは稲穂についた実（もみ）を落とす作業のこと。コンバインなら収穫と脱穀が同時に行えるので、時間を短縮できます。

機械の先たんについた刃を稲に当て、刈り取ります。

→

刈り取った稲は脱穀部に送られ、もみが分けられます。

→

もみだけがコンバインから排出されます。

→

刈り取り後の田んぼ。稲株だけがならんでいます。

むかしながらの
稲刈りと干しかたを
紹介します！

手で刈り取って稲を田んぼに干す

機械化される前は、鎌で稲を刈っていました。コツがいるので難しく、ひとつひとつ刈るので時間がかかります。稲刈りの日は、日の出前の暗いうちから作業が始まったそうです。取材にあたり、むかしながらの手刈りと乾燥のようすを見せていただきました。

① 稲の茎に鎌の刃を当てて、ひと株ずつ刈り取っていきます。

② 刈った稲はいくつか集めてたばね、まとめて立てておきます。

③ 刈った稲のまとめかたや干しかたは、地方ごとにさまざまです。

④ 刈り取り後、稲を干す準備をします。大きな棒を土にさしこみます。

⑤ 十字になった木の棒の上に、ぐるりと稲をかけていきます。

⑥ 稲の位置を少しずつずらしながら重ね、積み上げていきます。

会津で「ほにとり」
とよばれる干しかた。
地方によって
やりかたがちがうよ！

干しかたにはいろいろなスタイルがあり、一般的には「稲架掛け」※などとよばれています。

湿気の多い会津盆地では早くかわくよう、穂を上にして重ねます。この状態で1週間ほどかわかします。東北地方で見られるやりかたで、地域により「棒掛け」「ほんにょ」ともよばれます。

※「はさがけ」は「はざかけ」「はざがけ」「はさかけ」とも。横に広く干す、高い壁のように組むなど、地方の気候に合わせた干しかたがあります。

農家の1年の米づくり⑨

乾燥から出荷まで

もみからお米へ

収穫された稲の実(もみ)は、乾燥機に入れてかわかします。その後、もみすり機でもみがらを取りのぞくと、お米のつぶがあらわれます。それが玄米です。玄米を精米したものが、わたしたちが口にするお米(白米)です。その年とれたお米は、次の年のお米ができるまで約1年かけて売るので、長い間保存しておき、少しずつ販売することになります。そのため、鮮度が落ちないよう、もみのまま保存する・低温貯蔵庫で保管するなど、さまざまな工夫でおいしさを保ちます。

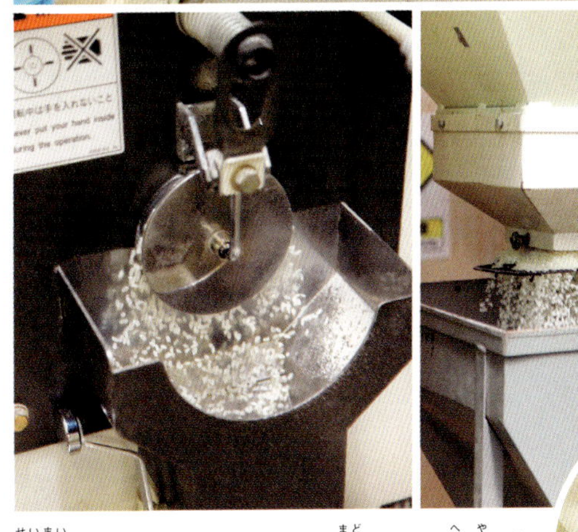

精米は虫が入らないよう、窓のない部屋で行います。機械に入った玄米は、色のついたものや、われたものがていねいにのぞかれ、いい状態のお米だけが出荷されます。

袋につめた玄米は農産物検査をうけます。

お米を保管して、出荷へ

とくに無農薬栽培のお米は収穫した後も虫がつきやすいので、保管にも気をつかいます。精米所のドアを二重にするなど、さまざまな対策が必要です。おいしさや安全を守るための工夫は、稲を育てているときだけでなく、出荷時まで続きます。

農家の1年の米づくり⑩

農家の冬仕事

稲刈りが終わっても仕事がたくさん

稲は春から秋まで育てて収穫します。その後、つぎの春まで農家はどうすごすのでしょう。たとえばすとう農産では育てた大豆で自家製みそを作ったり、もち米でおもちを作ったりして販売しています。ほかにも農具の手入れなど、冬も仕事はいっぱいです。

自家製大豆で
みそづくり！

とれたお米を発酵させて米麹を作り、みそ作りに活用します。

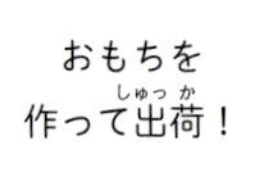

材料はもち米です。白米のほか、玄米のおもちも作るのが、米農家ならでは。

蒸気の上がったなべで、布につつんだもち米（品種は「こがねもち」）を蒸します。

蒸したお米を機械で20分ほどつき、おもちに。枠にはめて形をととのえます。

写真は、切り分けたおもち。玄米や黒米入り、青大豆が入ったものなど数種類。

お米の安全を考える

毎日食べるものだから、お米の安全は気になるもの。ここでは農薬のこと、安全や環境への配りょ、生産者について調べられるしくみなどを紹介します。安全なお米について考えてみましょう。

お米の安全を考える①

農薬ってなに？

どうして農薬を使うようになったの？

病気や害虫の被害をふせぎ、生産を増やすために使うようになりました。使いかたには注意が必要なので、薬をまく回数や時期、量などは法律できめられています。しかし、自然環境への配りょなどの点から近年は使用量が減る傾向にあります。

農薬にはどんなものがあるの？

除草剤

雑草を枯らしたり、新しい雑草の芽の生長をおさえるものがあります。

殺菌剤

いもち病など、さまざまな病気の原因となる菌を退治するために使われます。

殺虫剤

稲に害をおよぼす虫はいろいろ。害虫の種類に合わせた農薬があります。

殺そ剤

田んぼをあらして被害をあたえるネズミなどを駆除するために使われます。

農薬を知るためのキーワード

残留農薬って？

作物についた農薬は、すぐには消えません。そのため、収穫された農作物にいつまでものこってしまうことがないよう、使用にあたっては基準がもうけられています。

減農薬栽培って？

農薬の使用量や回数を減らして栽培すること。減農薬も無農薬も、農林水産省のガイドラインのきまりを満たしたお米は、特別栽培米と表示されます。

特別栽培米って？

農林水産省のガイドラインにある栽培方法にそって、農薬や化学肥料を減らして育てたお米のこと。地域で通常使われている農薬・化学肥料の50%以下ときまっています。

無農薬栽培って？

農薬を使用せずに作物を育てること。特別栽培のひとつ。使う肥料によって「無農薬・有機栽培」「無農薬・無化学肥料栽培」などの方法があります。表示としては特別栽培米です。

お米の安全を考える②

環境などへの配りょ

農薬をへらしたり
肥料を工夫した米づくり

昭和30年代ごろから農薬によるさまざまな影響が問題となり、その後、毒性が強いものは禁止されました。近年では害の少ない農薬が研究されていますが、より安全で環境に配りょした食べものをめざして、農薬を減らしたり有機肥料を使ったりする米づくりへの関心が高くなっています。ここで紹介する「GAP認証」「JAS認証有機栽培」のように、食べものや環境の安全を守るために、栽培・管理方法などにきびしい基準をもうけて作物を育てる取り組みも広がってきています。

安全を守るため いろんな 認証制度があるよ！

安全な農産物・GAP認証とは

持続可能な農業のために、安全と環境に配りょした作物について認証する制度です。農薬や肥料だけでなく、管理方法など、さまざまなきまりがあります。日本の「JGAP」、世界的な「グローバルGAP」などがあります。

JAS認証 有機栽培とは

農薬や化学肥料などの化学物質にたよらずに生産された食べものについて、表示がゆるされたマーク。原則として、堆肥などによる土作りを行う、農薬・化学肥料を使わない、などこまかいきまりがあります。

※GAPは農業生産工程管理(Good Agricultural Practice)のこと。JASは日本農林規格(Japanese Agricultural Standard)のこと。

お米の安全を考える③

どこから来たお米？

米袋のQRコードやホームページからたどれるものも！

流通ルートや生産者がたどれるしくみ

食べものの安全性について関心が高まり、おいしさ・安さだけではなく「だれがどんなふうに育てたか」「どんなふうにはこばれたか」などを重視する消費者が増えました。そこで、さまざまな制度ができ、お米についてもどこから来たかたどれるしくみが作られています。

米トレーサビリティ法

問題が起こったとき、どんな流通ルートを通ったかすぐわかるよう、生産から販売・提供までの取り引きを記録するようきめた法律です。商品によっては、消費者がそのお米の産地情報について知ることができます。

生産情報公表JAS

農・林・水・畜産物について定めたJAS（日本農林規格）のひとつ。「だれが、どこで、どのように生産したか」を消費者に正確に伝えている事業者を認定する制度です。お米以外に野菜類などについてもきめられています。

どんなふうに作られて どんなルートを 通ったかわかる！

だれがどんなふうに作ったお米なのか、パッケージやホームページで調べられる商品が増えています。買うときや食べるとき、確認してみては？

どう変わる？

これからの米づくりとお米の安全

近年、安全なお米を作るためのさまざまな栽培法が研究され、新しい制度も生まれています。お米を買うときの基準も、味やねだんだけで選ぶのではなく「だれがどんなふうに育てたか」が重視されるようになってきました。これからどんなお米が求められるのか、米づくりがどう変わるのか、考えてみませんか？

くらしが変化してお米の消費量が減り、その中で消費者に選ばれるために、さまざまな差別化がはかられています。たとえば安全なお米を作ること。安全をひとつの価値と考える人が増えているのです。

参考資料＜書籍＞

『aff』農林水産省
『お米の教科書』宝島社
『米 イネからご飯まで』柴田書店
『米と日本文化』評言社
『しぜんのひみつ写真館 ぜんぶわかる！イネ』ポプラ社
『新版 米の事典 ー稲作からゲノムまでー』幸書房
『生活情報シリーズ⑥米の知識』国際出版研究所
『そだててあそぼう イネの絵本』農山漁村文化協会
『田んぼの１年』小学館
『農業の発明発見物語①米の物語』大月書店
『日本の米づくり』岩崎書店
『47 都道府県・米／雑穀百科』丸善出版

参考資料＜ウェブサイト＞

農林水産省ホームページ
米穀機構 米ネット　http://www.komenet.jp/

取材協力

有限会社すとう農産
公益社団法人 米穀安定供給確保支援機構

お米のこれからを考える③
農家の１年の米づくり　安心なお米ってなに？

「お米のこれからを考える」編集室

撮影　平石順一
イラスト　なかきはらあきこ
デザイン　パパスファクトリー
校正　宮澤紀子

発行者　内田克幸
編集　大嶋奈穂
発行所　株式会社　理論社
〒101-0062　東京都千代田区神田駿河台 2-5
電話　営業 03-6264-8890
編集 03-6264-8891
URL　https://www.rironsha.com

2018 年 10 月初版
2019 年 10 月第 3 刷発行

印刷・製本　図書印刷

ISBN978-4-652-20277-7　NDC616　A4 変型判　27cm　39p